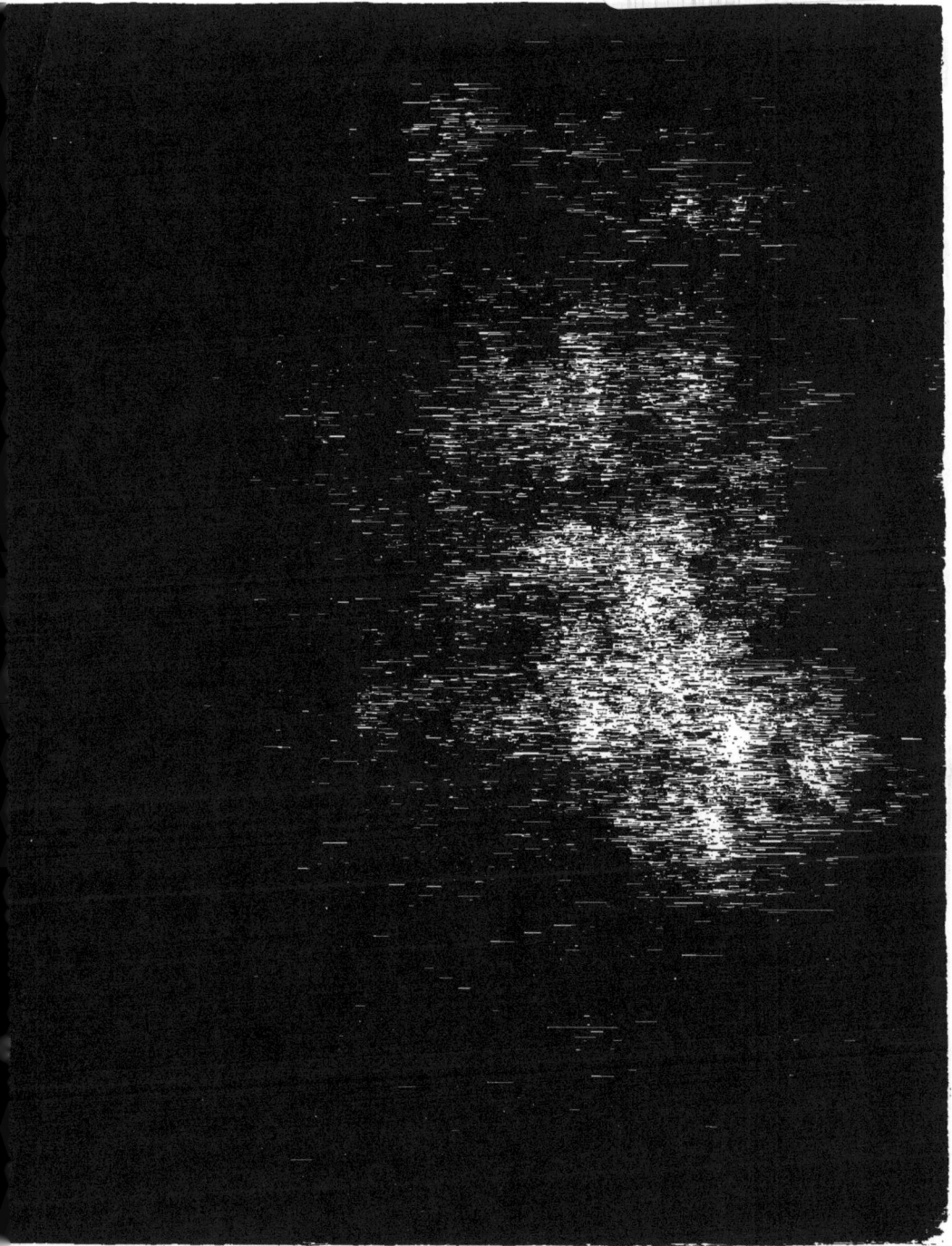

NOTICE EXPLICATIVE

DU

TABLEAU DES PRINCIPALES RACES DE CHEVAUX

ET DE

LEURS ROBES

PARIS

ASSELIN ET HOUZEAU

LIBRAIRES DE LA SOCIÉTÉ CENTRALE DE MÉDECINE VÉTÉRINAIRE

PLACE DE L'ÉCOLE-DE-MÉDECINE

NOTICE EXPLICATIVE

DU TABLEAU DES PRINCIPALES RACES DE CHEVAUX

ET DE LEURS ROBES

———

Cette Notice est rédigée d'après des renseignements pris dans le *Traité de Zootechnie* de M. André SANSON (2ᵉ édit., t. III), qui représente l'état actuel de la science.

1. Asiatique (*Arabe*).

Le type asiatique, dont le nom spécifique ou zoologique est *Equus caballus asiaticus*, est ainsi nommé parce qu'il est originaire du plateau central de l'Asie. Il est connu vulgairement en Europe sous le nom d'arabe parce que ce sont les Arabes qui, dans leurs invasions, l'y ont introduit. La présence des chevaux dans la péninsule arabique ne date que de peu de temps avant le commencement de l'ère chrétienne.

Ce type se distingue par son front large et plat, plus large que long (*brachycéphale*), par des arcades orbitaires très saillantes, et par son profil rectiligne, le tout constituant ce que les anciens hippologues appelaient la *tête carrée*.

Dans son aire géographique naturelle, sa taille moyenne est de 1ᵐ,45 à 1ᵐ,50. Ses formes sont sveltes et élégantes, sa physionomie est hardie, à l'œil vif et fier, aux narines dilatées ; sa peau fine, à crinière longue et soyeuse comme les crins de sa queue, est presque entièrement dépourvue de crins aux membres.

La robe représentée ici est le gris clair truité, qui est fréquent dans la race. Elle est caractérisée par de petits points formés de poils rouges disséminés sur un fond de poils noirs et de poils blancs mélangés en proportions diverses, mais le plus souvent avec prédominance des blancs, surtout à la crinière et à la queue.

Le cheval asiatique, dit arabe, est le cheval de selle par excellence pour la guerre, à cause de sa rusticité, de sa sobriété et de son courage, dus à la fois à l'influence de son climat natal et du mode d'éducation que lui imposent les instincts guerriers des peuples qui le produisent

2. Anglais *(Pur sang).*

Il s'agit ici du cheval anglais de course *(the race Horse)*, dont l'appellation de *pur sang* est simplement conventionnelle. Elle ne doit pas, en effet, comme cela arrive souvent de la part de personnes insuffisamment renseignées, être confondue avec celle de pure race. Elle a une signification tout autre, qui se rapporte aux qualités d'aptitude dépendant d'un certain degré d'excitabilité du système nerveux, développé par l'entraînement pour les courses, et non point d'une pureté d'origine qui d'ailleurs n'existe pas. Les chevaux dits de pur sang anglais, inscrits au *Stud-Book*, montrent fréquemment des traces du métissage dont ils proviennent entre les deux types orientaux longtemps confondus sous le nom commun d'arabe, l'asiatique et l'africain (*E. C. africanus*), ce dernier caractérisé par son front bombé (tête moutonnée) et son profil onduleux, par son corps et sa croupe plus minces, ses membres plus allongés et par une vertèbre de moins dans le rachis.

L'expression de pur sang est donc une expression figurée, dont le sens a été du reste défini ainsi par les hippologues, qui lui attachent la plus grande importance. Elle implique plutôt une qualité morale que des qualités physiques.

Le cheval anglais a été formé en Angleterre par l'importation d'étalons orientaux et par l'action persévérante de la gymnastique fonctionnelle de l'entraînement aux courses. L'ensemble des pratiques de celle-ci (alimentation et exercices méthodiques) a eu pour effet de grandir les dimensions linéaires du cheval oriental, d'allonger le corps, l'encolure, la croupe et surtout les membres, notamment les postérieurs, et de diminuer la courbure des lignes corporelles. La taille atteint jusqu'à 1^m,70 et au delà. Ce qui est remarquable surtout, c'est l'agrandissement des angles du squelette des membres postérieurs, toujours plus ouverts que ceux des membres antérieurs, rendant la ligne de la croupe plus voisine de l'horizontale. Cette disposition constante suffit pour faire distinguer à première vue le cheval anglais de course et ses dérivés des représentants directs de leur souche orientale.

On reproche avec raison aux chevaux anglais actuels leur conformation mince à l'excès, plus propre à la vitesse excessive qu'au déploiement d'une force soutenue.

La robe représentée ici est l'alezan brûlé, composé de poils rouges de nuance brune, avec les crins de l'encolure et de la queue de même nuance.

5. **Percheron** (*Léger*).

Il n'y a guère de type naturel de race chevaline sur l'origine et les caractères duquel les hippologues aient accumulé plus d'erreurs. Les uns considèrent le cheval percheron comme une simple modification du type oriental introduit au temps des croisades; les autres confondent tous les chevaux élevés dans la Beauce chartraine, où ils sont introduits à l'état de poulains venant de diverses origines, et qui acquièrent, sous l'influence du régime auquel ils sont soumis, le caractère commun de la vigueur du tempérament et de la solidité des membres. Ces chevaux diffèrent essentiellement, par leurs caractères spécifiques, par les formes et le développement corporels qu'ils atteignent, pour constituer les deux variétés connues vulgairement sous les noms de gros et de petit percheron, propres l'une au gros trait et l'autre au trait léger.

Le vrai percheron appartient à une race distincte de toutes les autres, dont le type est originaire du bassin parisien de la Seine. De là son nom géologique de *E. C. sequanius*. Son front est plus long que large (*dolichocéphale*), un peu bombé au voisinage des orbites et de la racine du nez. Son profil présente une faible courbure rentrante vers la moitié de la longueur du chanfrein, et il a l'extrémité libre de la tête un peu épaisse. Cela lui donne une physionomie tout à fait particulière.

Son corps est relativement svelte, quoique fortement musclé, sa croupe arrondie, son encolure un peu courte et épaisse à l'attache de la tête; ses membres sont solides et agiles, mais les angles de leur squelette sont toujours plus ou moins obtus, ce qui se traduit immédiatement à l'œil par des paturons courts et insuffisamment inclinés. Sa peau, un peu épaisse, porte une crinière abondante et longue, relativement fine, ainsi que la queue. Les crins sont rares à l'extrémité inférieure des membres.

La taille moyenne de la race est de 1ᵐ,55 à 1ᵐ,60. Le maximum dépasse rarement 1ᵐ,70. Les sujets capables d'atteindre les plus grandes vitesses à l'allure du trot ne sont pas rares. Il n'y a guère en Europe de race plus prospère, parce qu'il n'y en a guère de plus recherchée pour les services de poste et de transport des voyageurs à grande vitesse. Maintenant les percherons sont des chevaux d'omnibus par excellence. Aucun ne peut, à l'allure du trot, traîner d'aussi lourdes charges.

La robe représentée est le gris pommelé. Elle est la plus commune dans la race, mais ne la caractérise point, comme on l'a cru. Il y a de purs percherons de toutes les robes. Le gris pommelé se distingue des autres gris par la présence de cercles irréguliers où dominent les poils noirs et au centre desquels au contraire les poils blancs sont les plus nombreux.

Les pommelures sont surtout abondantes sur la croupe et sur les cuisses.

4. Poitevin (*Mulassier*).

Le cheval poitevin, appelé mulassier parce que les juments de sa race ont été durant longtemps en Poitou seules employées pour la production des mulets, appartient à la race frisonne (*E. C. frisius*), dont il est une des variétés importée des Pays-Bas lors du desséchement des marais vendéens au xvııᵉ siècle. Dolichocéphale comme le percheron, le type spécifique de cette race s'en distingue par une tête beaucoup plus longue (tête vieille), mais surtout par une dépression longitudinale accentuée au milieu du front et se prolongeant jusqu'au bout du nez.

Chez le cheval poitevin, la taille est toujours grande (1ᵐ,70 au moins), le corps volumineux, à formes anguleuses, à croupe large, avec des hanches saillantes, surtout chez les juments. Les côtes sont généralement peu arquées et les épaules peu musclées. Les membres longs, volumineux, à articulations larges et puissantes, doivent surtout leur longueur à celle des canons, ce qui entraîne des allures sans élégance. Du reste, le type naturel en est dépourvu dans tout son ensemble, à cause de la grande longueur relative de sa tête, aux oreilles longues et souvent un peu pendantes, des lignes peu harmonieuses de son corps et de la grossièreté de ses membres chargés de crins et terminés par de grands pieds ordinairement plats.

Toutes les couleurs de poils se rencontrent dans la variété poitevine, où les crins sont toujours abondants et grossiers à l'encolure, à la queue et aux régions inférieures des membres. Là ils sont si abondants et si longs qu'ils recouvrent entièrement le sabot et s'étendent jusqu'aux articulations du genou et du jarret. La robe grise miroitée, représentée ici, est une de celles qui dominent avec la robe baie.

La variété mulassière va en diminuant en Poitou, remplacée par des juments tirées de la Bretagne. Bon nombre des poulains mâles qu'elle produit sont achetés de bonne heure pour aller dans la Beauce chartraine, où ils sont *perchisés*, selon une locution vulgaire, et pris ensuite pour percherons véritables par les personnes non éclairées. On voit qu'ils sont cependant faciles à distinguer des vrais percherons.

5. Ardennais.

Le cheval ardennais est une des variétés de la race belge, dont le type spécifique (*E. C. belgius*), originaire du bassin de la Meuse, se distingue des autres, dolichocéphales comme lui, par son front étroit et fortement déprimé entre les apophyses orbitaires très saillantes et par son profil de rhinocéros (tête de rhinocéros).

Les caractères zootechniques généraux de la race sont : une taille variable mais ne dépassant guère $1^m,60$; des oreilles relativement courtes ; une encolure épaisse, courte, à bord supérieur arqué, à crins peu abondants; un corps très court et épais, trapu ; une croupe large, arrondie, fortement musclée ; une queue attachée bas et peu touffue ; des membres forts, peu pourvus de crins ; un tempérament robuste et souvent très énergique, surtout dans les petites tailles. Elle est en général propre aux allures vives, quoique peu allongées, mais elle fournit en même temps des chevaux de gros trait, de trait léger et de selle.

La variété ardennaise, qui est petite, ne se rencontre presque plus à l'état de pureté. Un de ceux qui ont contribué à la faire disparaître, sous prétexte de l'améliorer par des croisements, dit pourtant qu'elle « possédait un fond extraordinaire, beaucoup d'énergie et une grande résistance. Elle vivait longtemps et brillait encore par sa sobriété : ses qualités ont été notoirement énergiques pendant la pénible campagne de Russie ». Cela n'a pu cependant la préserver contre les entreprises des fanatiques amé-

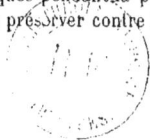

liorateurs. Des efforts plus intelligents sont faits maintenant pour la restaurer par la sélection.

Elle est représentée ici par un individu de robe baie claire, caractérisée par des poils rouges de nuance claire, avec les crins noirs.

6. Allemand.

On appelle aujourd'hui allemands, les chevaux qu'on nommait autrefois danois, mecklembourgeois, hanovriens. Il n'en existe plus guère de pure race, leur type ayant été croisé partout, dans les duchés de Schleswig et de Holstein, en Mecklembourg et en Oldenbourg, avec le cheval anglais de course, dit pur sang. Ce type, qui est celui de la race germanique ($E. C. germanicus$), se manifeste maintenant surtout par réversion, en raison de l'atavisme, dans les diverses populations métisses qu'il a contribué à former.

Parmi les dolichocéphales, il se caractérise par un front étroit et courbe longitudinalement, avec des arcades orbitaires tout à fait effacées ; par ses orbites petits, et par son profil fortement arqué depuis le sommet de la tête jusqu'au bout du nez (vulgairement tête busquée, tête d'oiseau, tête de lièvre).

La taille moyenne est très élevée, le maximum allant jusqu'au delà de 1^m,70 et le minimum ne descendant guère au-dessous de 1^m,60. La conformation générale manque d'élégance. La tête est longue, l'encolure relativement grêle, la poitrine peu profonde ; le dos et les reins sont longs, la croupe est courte et souvent avalée, avec une attache de queue basse. Les épaules sont plates et insuffisamment musclées, les cuisses terminées brusquement en arrière et en haut sur une jambe grêle et courte, les avant-bras courts et les canons longs ; les pieds le plus souvent larges et plats.

De tous les types, le germanique est celui chez lequel les oreilles sont le plus rapprochées, ce qui, avec son profil arqué, son front étroit et ses yeux sans saillie, lui donne une physionomie peu intelligente. Au siècle dernier, il était le carrossier le plus recherché et aussi le cheval de parade pour la selle. Aujourd'hui on lui préfère l'anglais et ses métis.

Dans la race germanique, les poils rouges dominent de beaucoup. On n'y rencontre que très rarement des robes autres que la baie et l'alezane avec leurs diverses nuances, pourvues ou non de marques blanches à la tête et aux membres.

Celle qu'on voit ici est nommée bai brun miroité, caractérisée par des places à reflets disséminées sur un fond de poils rouges de nuance brune avec les crins noirs.

7. **Normand** (*Anglo-Normand*).

Jusqu'au commencement de ce siècle, on ne trouvait en Normandie que des chevaux de la race germanique introduits jadis par les envahisseurs venus des bords de la Baltique, et dont les hippologues superficiels attribuent la présence aux étalons danois importés d'abord par Colbert, puis plus tard sous l'influence de la Pompadour. Après la restauration, les chevaux anglais furent mis à la mode principalement par le comte d'Artois et par les gentilshommes de sa suite. Alors commença le métissage qui a donné lieu à la population chevaline normande actuelle, et dont les sujets réussis reproduisent purement et simplement le cheval anglais avec ses formes amplifiées, ainsi qu'on peut le constater en comparant la figure 7 avec la figure 2 du tableau.

Malheureusement, ces sujets réussis, qui, d'après le goût actuel, sont du reste de très beaux chevaux de selle ou de très beaux carrossiers, selon leur taille, ne comptent dans la population totale que pour une petite minorité. On ne l'évalue pas à plus de 25 p. 100. Le reste offre un ensemble disparate de caractères mal fusionnés des deux types asiatique et germanique, et pèche surtout par l'insuffisante solidité des membres. Cela est dû à l'incertitude de la méthode de reproduction et à la négligence trop commune de la gymnastique fonctionnelle. Il y a cependant tendance de plus en plus accentuée, en Normandie, à se conformer aux indications de la science en réglant la réversion vers le type anglais amplifié, au lieu de la laisser fonctionner d'une manière désordonnée, par l'emploi du métissage systématique.

Le cheval normand de notre tableau est bai cerise, c'est-à-dire que ses poils sont rouges de la nuance vive de la cerise, avec les crins noirs.

8. Hollandais.

La production chevaline, en Hollande, est peu importante. Le sujet représenté ici est un métis assez bien réussi de la race frisonne, décrite plus haut (fig. 4) et de la race asiatique dans sa variété anglaise (fig. 2). La plupart des métis du même genre ont des formes tout à fait dépourvues d'harmonie et sont d'un tempérament très mou. Ils ne méritent pas beaucoup d'attention. Ce sujet est là surtout pour fournir un spécimen de la robe pie, constituée par de larges places blanches alternant avec d'autres d'une couleur foncée, rouge ou noire.

9. Boulonnais.

Le cheval boulonnais appartient à la race britannique (*E. C. britannicus*), dont il est une des variétés françaises, et non la moins bonne. Cette race est caractérisée par sa brachycéphalie et par son profil un peu curviligne brusquement incliné à partir du bout du nez.

La moyenne de la taille y est très élevée. On y trouve peu d'individus moins grands que 1^m,60; bon nombre ont au-dessus de 1^m,65. Les masses musculaires sont très développées, les muscles étant plutôt épais que longs, à coupe transversale d'un fort diamètre, ce qui entraîne une encolure large et épaisse, un poitrail large, des épaules fortes, une croupe arrondie, à sillon médian profond, dû à la saillie des fessiers, des cuisses épaisses et à contour postérieur fortement curviligne.

La forte corpulence des sujets de cette race, leur poids énorme (souvent plus de 800 kilogr.), leur assurent l'aptitude la plus élevée pour la traction des lourdes charges à l'allure du pas. Ils sont avec cela relativement lestes et agiles, à cause de leur conformation régulière et du grand développement de leur système nerveux.

La variété boulonnaise doit son nom à ce que c'est surtout dans les environs de Boulogne (Pas-de-Calais) que les poulinières sont entretenues. Il y en a aussi dans les arrondissements de Béthune et de Saint-Omer. Les poulains sont vendus après leur sevrage et élevés dans les autres localités de la région. Quelques-uns vont en Beauce chartraine, comme les poitevins dont nous avons déjà parlé, et sont de même plus tard confondus avec les percherons. Dans le Boulonnais, dans le Vimeux, dans le pays de Caux, dans les environs d'Arras, de Saint-Pol, d'Abbeville, de Péronne, dans les départements de l'Oise, de l'Aisne et de Seine-et-Marne, les autres vont exécuter aussi les travaux agricoles en se développant sous l'influence de fortes rations d'avoine. Une fois adultes, ils sont achetés, comme ceux d'Eure-et-Loir, par les marchands de Paris.

Il n'y a aucune uniformité dans la robe de ces chevaux. Elle est indifféremment claire ou foncée. On trouve dans la variété boulonnaise toutes les nuances, le bai, le rouan, le gris ardoisé ou pommelé, sans qu'on puisse dire ce qui domine.

Le sujet de notre tableau a le mélange des trois poils noir, blanc et rouge qui constituent le rouan.

10. Suffolk (*Black Horse*).

Il s'agit ici d'une autre variété de la même race britannique, qui se produit dans les comtés de Norfolk, de Suffolk et d'Essex, de Cambridge et de Lincoln en Angleterre. Les chevaux de cette variété sont en général de la taille moyenne de la race, comme les boulonnais, mais les grands n'y sont pas rares. Quelques-uns, attelés aux camions des brasseurs de Londres, sont de véritables colosses. On les appelle « chevaux de brasseur ». Leur tête, aux joues fortes, à la ganache empâtée, attachée à une encolure courte et épaisse, paraît néanmoins relativement petite, parce qu'elle est courte. Les épaules sont courtes et peu obliques, très musclées et séparées par un poitrail démesurément large, tant les côtes sont arquées. Les membres épais, aux articulations fortes, sont terminés par des paturons courts, droits comme les épaules, et couverts par les crins du canon.

Dans le Norfolk, on élève avec prédilection des familles à robe noire avec une marque blanche au front. C'est le cheval noir (*black Horse*) d'Angleterre, qu'il ne faut pas confondre avec les métis plus ou moins réussis connus sous le nom de *trotteurs du Norfolk*, que l'on dit améliorés par « infusion de pur sang ». Dans les autres comtés indiqués, le bai clair et l'alezan sont les robes prédominantes.

C'est la robe noire qui est représentée ici.

11. Poney du pays de Galles et d'Écosse.

En Angleterre, tout petit cheval est un poney; mais il y a aussi une race de poneys, qui, par l'origine de son type spécifique, a dû être qualifiée de race irlandaise (*E. C. hibernicus*). Il ne faut pas confondre les chevaux de cette race avec ceux désignés par le nom de chevaux de chasse irlandais et qui sont des métis anglo-irlandais.

Le type en question est brachycéphale, à front large et plat, avec des arcades orbitaires saillantes, et sa tête courte est à profil rentrant au niveau de la racine du nez (tête camue, vulgairement).

La race en est petite et trapue, ne dépassant guère la taille de 1^m,50. Son système pileux est très développé : les crins sont abondants à la tête et à l'encolure, ainsi qu'à la queue et aux membres, depuis l'extrémité supérieure des canons jusqu'aux talons.

Les petits chevaux du pays de Galles et d'Écosse, qui forment l'une des variétés de la race, sont le plus ordinairement appelés doubles poneys, parce qu'ils joignent à leur taille peu élevée une corpulence relativement forte. Ils sont remarquables par leur vigueur et leur solidité. Ils ont l'épaule courte, charnue et peu oblique, le poitrail ouvert, les membres forts, le corps cylindrique, près de terre, la croupe courte et fortement musclée, le pied petit et solide. Leurs allures ne sont pas allongées, mais ils rachètent par une grande énergie et beaucoup d'endurance le raccourci de leurs mouvements. Ce sont d'excellents chevaux de route et de fatigue.

On en rencontre de toutes les robes, mais surtout des alezans aux crins plus clairs, de la robe dite isabelle à crins blancs, qui est celle de notre tableau, formée de poils jaunes.

12. Breton.

Le breton du littoral, qui se produit dans les deux départements du Finistère et des Côtes-du-Nord, dans les districts de Léon et du Conquet, aux environs de Brest, de Morlaix, de Lannion, est lui aussi une variété de la race irlandaise, comme le poney de Galles, avec leqel il se confond souvent, surtout le Conquet, où il est plus petit que dans le Léon. Ici ia taille atteint souvent jusqu'à 1ᵐ,65 et ne descend jamais au-dessous de 1ᵐ,55. Les poulains s'en vont souvent, après le sevrage, dans les Côtes-du-Nord et dans l'Ille-et-Vilaine pour rejoindre ensuite en Beauce les percherons, les poitevins et les boulonnais dont nous avons déjà parlé.

Les chevaux bretons dont il s'agit ici ne sont du reste que des amplifications des poneys, quand leur conformation n'a pas été troublée et rendue moins correcte et moins solide par le croisement avec les étalons dits demi-sang, qui a pour but de les rendre plus légers.

Les diverses nuances de la robe grise dominent de beaucoup dans la population bretonne, mais le rouan et le bai se rencontrent aussi ; plus rarement le noir.

Le cheval breton du tableau est gris de fer, dont la robe est formée, en proportions égales, de poils blancs et de poils noirs, ces derniers prédominant à la tête.

13. Cheval des Pyrénées.

Dans les parties les moins riches des vallées pyrénéennes (bassins de la Garonne et de l'Adour), dans les départements de l'Ariège, de la Haute-Garonne, des Hautes et des Basses-Pyrénées et des Landes, la population chevaline actuelle présente un mélange très troublé, dû à l'emploi alternatif des étalons arabes et anglais. Les chevaux des Pyrénées sont en général de petite taille ; ils ont 1ᵐ,45 à 1ᵐ,50 au plus. Leur tête est un peu forte, mais néanmoins ils ont une physionomie énergique et un certain air d'élégance et de vigueur que leur service justifiait pleinement, avant que l'idée singulière de grandir leur taille à l'aide des étalons anglais eût reçu son exécution.

Au point de vue zoologique, ils appartiennent aux deux races asiatique et africaine décrites, introduites depuis bien longtemps par les migrations des Ibères et par les invasions musulmanes. Ils en présentent les caractères séparés ou mélangés, au gré de l'hérédité et de sa loi d'atavisme, et aussi les aptitudes physiologiques. Ils constituaient ce qu'on appelait anciennement la *race navarrine*. Il semble admis maintenant que l'administration des haras n'entretiendra plus dans ses dépôts pyrénéens que des étalons dits arabes. On peut en ce cas espérer que la population chevaline de la circonscription recouvrera ses anciennes qualités.

Les robes claires, grises des diverses nuances, y sont prédominantes. Cependant le bai brun avec marques de feu, représenté ici, n'est pas rare.

14. Cheval de Tarbes.

On nomme ainsi maintenant ce qu'un ancien directeur de l'administration des Haras avait appelé « race bigourdane améliorée », c'est-à-dire le résultat plus ou moins réussi d'accouplements avec l'étalon anglo-arabe dit pur sang français. C'est le cheval qui se produit dans la plaine de Tarbes et qui anciennement était le type de la race navarrine, qui « a laissé un nom comme cheval d'armes essentiellement propre aux troupes légères » et qui « a été estimé à ce point qu'on l'a placé sur les premiers degrés de l'échelle hippique, tout à côté de l'andalou lui-même, ce pur sang d'une autre époque ».

Il s'en faut de beaucoup que le sujet représenté ici puisse donner une idée exacte de la moyenne des chevaux de Tarbes. Il appartient à l'élite de la population, c'est ce qu'on nomme vulgairement un cheval de tête, comme il ne s'en produit malheureusement pas assez, tout au plus 2 ou 3 p. 100. En prenant pour base des spécimens comme celui-là, exhibés dans les concours, les hippologues superficiels se donnent carrière et dissertent sur l'excellence de leurs conceptions, sans se préoccuper des mécomptes que les éleveurs rencontrent dans l'écoulement de leurs produits.

La plaine de Tarbes, par la qualité de ses herbes, est la partie la plus favorable à la production chevaline de tout le district pyrénéen. Quand on se sera enfin rendu aux idées scientifiques, elle pourra fournir en abondance d'excellents chevaux de cavalerie légère, sobres, rustiques, énergiques et suffisamment élégants au besoin.

Notre cheval de Tarbes offre un spécimen de l'alezan clair avec balzanes aux membres postérieurs. La robe en est formée par des poils rouges de nuance claire avec les crins également rouges de la même nuance. Les balzanes sont caractérisées par des poils blancs.

15. Barbe.

En Algérie, on s'est accoutumé, depuis la domination française, à diviser la population chevaline en deux catégories, l'une comprenant les syriens, et l'autre les barbes. Les syriens sont des asiatiques, introduits par les Arabes; les barbes ou les berbères, très variés dans leur ensemble, présentent un mélange en proportions diverses de deux types naturels, dont l'un autochtone, l'africain (*E. C. africanus*), et l'autre étranger, le germanique (*E. C. germanicus*), importé par les Vandales lors des invasions des barbares.

Les chevaux barbes ne diffèrent pas seulement des syriens par leurs caractères spécifiques; tout l'ensemble de leur corps les fait facilement reconnaître parmi leurs voisins d'origine asiatique, en quelque lieu qu'on les considère, aussi bien en Espagne, sous le nom d'andalous, en France, parmi les navarrins, les ariégeois, les camarguais, les limousins, qu'en Afrique dans notre colonie algérienne, à Tunis et au Maroc.

Les naseaux du cheval barbe sont peu ouverts; ses lèvres sont minces, sa bouche est petite; ses joues sont fortes; son oreille est quelquefois un peu grande, mais toujours droite et mince; son œil est grand; sa physionomie, très calme au repos, s'anime bien vite pendant l'action. La tête est un peu forte, la taille généralement petite ou moyenne; l'encolure, forte, est rouée et abondamment fournie de crins longs et soyeux: le garrot est élevé et épais; le dos et les reins sont courts, larges; la croupe, souvent tranchante, est toujours mince et courte, la queue touffue et la cuisse peu épaisse; les membres sont remarquablement forts, aux canons longs, n'ayant pas toujours des aplombs irréprochables, surtout les postérieurs, dont les jarrets sont souvent clos; mais ce défaut est racheté par des qualités de fond, par une vigueur, une rusticité et une sobriété à toute épreuve.

Si mal conformé qu'il puisse être, le cheval barbe est toujours beau en action, parce qu'il est d'une bravoure à toute épreuve, comme l'asiatique, du reste, quand il a été élevé sous son climat natal. C'est pourquoi, sauf les caractères typiques et les quelques particularités de conformation générale qui viennent d'être signalés, tels que brièveté du dos, des lombes et de la croupe, les membres plus allongés, mais régulière ment d'aplomb, ils ne diffèrent point quant aux aptitudes. N'oublions point d'ailleurs que depuis l'arrivée des Arabes en Afrique les deux types se sont constamment mélangés.

.La robe est de couleur très variable, comprenant toutes les combinaisons du noir, du blanc et du rouge, qui se montrent uniformes sur certains individus ; mais les robes grises dominent cependant.

Le cheval barbe a été choisi ici pour donner un spécimen du bai marron, formé par des poils rouges de la nuance de la châtaigne, avec les crins noirs, comme dans toutes les robes baies.

8859-03. — Corbeil. Imprimerie Ed. Crété.

TABLEAU DES PRINCIPALES RACES DE CHEVAUX

ET DE LEURS ROBES

Dessiné par ALBERT ADAM

1. Asiatique. (Arabe.)

2. Anglais. (Pur sang.)

3. Percheron. (Léger.)

4. Poitevin. (Mulassier.)

5. Ardennes.

6. Allemand.

7. Normand. Anglo-Normand.

8. Hollandais. (Pie.)

9. Boulonnais. (Gros trait.)

10. Suffolk. (Black Horse.)

11. Poney. (Du pays de Galles-Écosse.)

12. Breton. (Gros trait.)

13. Cheval des Pyrénées. (Petite race.)

14. Cheval de Tarbes.

15. Barbe.

PARIS

ASSELIN ET HOUZEAU

LIBRAIRES DE LA SOCIÉTÉ DE MÉDECINE VÉTÉRINAIRE

PLACE DE L'ÉCOLE-DE-MÉDECINE

NOTA. — Ce tableau est accompagné d'une notice explicative.

OUVRAGES QUI SE TROUVENT A LA MÊME LIBRAIRIE

OUVRAGES QUI SE TROUVENT A LA MÊME LIBRAIRIE

23 X   80

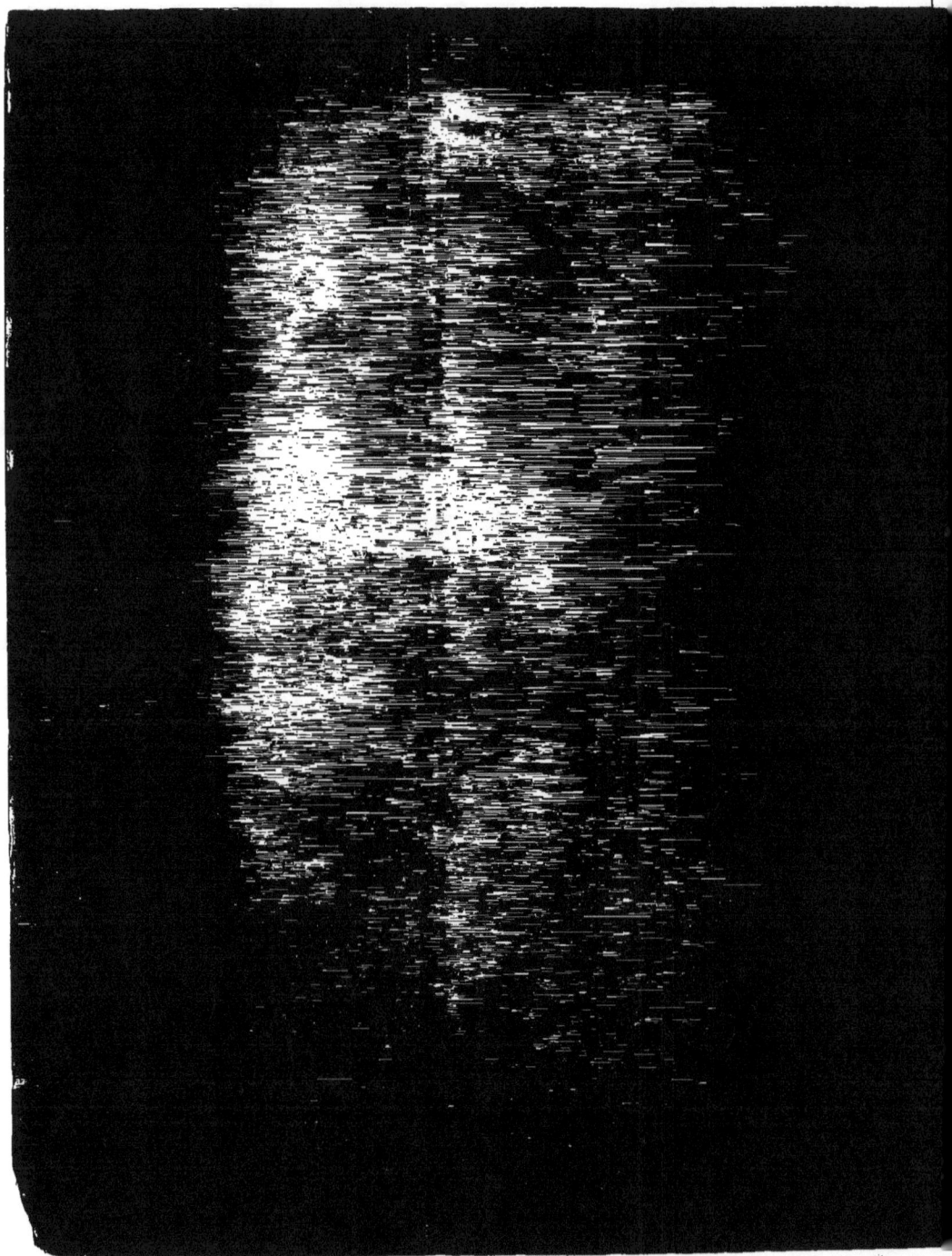

www.ingramcontent.com/pod-product-compliance
Lightning Source LLC
Chambersburg PA
CBHW050435210326
41520CB00019B/5941